营养早餐 60 套

赵洪顺 编著

金盾出版社

前　　言

早餐对人一天的体力状况、思维能力和记忆力有着十分密切的关系,是人每天最重要的一顿饭。现在,越来越多的人认识到了这一点,重视了食用营养早餐。但也还有不少人对早餐仍然抱着无所谓的态度。

据一项对百人的调查显示,每周一次以上不吃早餐者,北京占 25%、广州占 13%、上海占 9%,其中以年轻人居多,20~35 岁的人群中有近一半人经常不食用早餐。在问及原因时,多数是讲没有时间,有的则说不想吃、习惯了。这些人感觉不吃早餐也能挺得住。其实,他们的身体本可以更好,成绩本可以更加突出,但是由于缺乏营养早餐,这一切已在无形中受到了不利的影响。这绝不是无稽之谈。美国格兰姆特基金会通过对千余名食用营养早餐的学生和数百名未食用营养早餐的学生学习成绩进行了对比,结果发现前者明显优于后者。还有的调查表明,食用早餐的孩子智力状况,明显强于不食用早餐的孩子。有些小学低年级孩子上课不久便注意力不能集中,重要原因之一,便是由于得不到质量较好的营养早餐,而引起智力活动能力减退所致。不仅如此,专家们还告诫说,长期不吃早餐者,其胆结石、慢性胃炎及胃溃疡的发病率明显高于坚持食用早餐的人。

由此不难得出结论:为了身体健康,为了取得优异的业绩,也为了我们民族未来的素质,食用营养早餐是绝对必要的。

早餐吃什么?"吃饱肚子就行"。这个说法不完全对。俗话说:早饭要吃好。讲的就是要重视早餐的质量。吃饱以储备足够的热量是其一,同时还必须保证人体摄入一定的蛋白质。一般地说,早餐应当补充人体一天所需热量的1/3、所需蛋白质的1/4~1/3,若再能补充一些其他营养素则更好。按照这种要求,以一名中学生为例,其早餐应当:一是食用馒头、面包、米粥等主食100克~150克,加用咸菜以补充适当的盐分;二是食用鸡蛋1个,或肉类25克,或豆制品或花生酱25克;三是饮用牛奶1瓶(袋),或豆浆或豆乳1瓶(袋)及适当的糖。这样的早餐大约可以提供热量近3000千焦(耳)、蛋白质约20克,相当其一天所需的30%左右。

此外,食用早餐的时间也很有讲究,要掌握两点:一是起床后一般要经过30分钟的活动再进早餐,这样会有较好的食欲,也利于消化和吸收。二是对于学生来讲,吃早餐的时间对记忆力有明显的影响。一份调查报告指出:学生在学习前30分钟吃毕早餐为最好,这样做学习时学生体内血糖增高,其思考能力也随之变得更加敏锐。目前,在有的西方国家开始实行学校营养早餐计划,看来是不无道理的。

为了帮助人们把早餐安排好,作者编写了《营养早餐60套》这本小册子,奉献给读者阅读参考。这60套早餐兼顾了南北方不同的口味特点,都具有较好的营养价值。可由自己动手制作的食品,都教给了制作方法,其分量则应根据需要来调整确定。平时多数家庭早晨没有更多的时间来进行烹调,因此要外购的要先买好;制作费时的则可以预制好冷藏起来,早晨加热后再食用。这60套早餐搭配得是比较理想的,可口而又营养均衡。但在家里做起来,难免会缺这少那,或者对某一套餐中,有的品种并不喜爱,因此可以根据实际情况来加以调整,但皆以保证人体能摄入合理比例的各种营养素为原则。

编　者

本书摄影:程炳新

目 录

1. 锅贴、大米粥 ……… (7)
2. 炒粉、大米粥 ……… (8)
3. 春卷、糯米粥 ……… (9)
4. 豌豆黄、枣粥 ……… (11)
5. 粽子、莲子粥 ……… (12)
6. 豆沙包、八宝粥 …… (14)
7. 炸汤圆、腊八粥 …… (15)
8. 萝卜糕、腊八粥 …… (17)
9. 炸馄饨、小豆粥 …… (19)
10. 椰茸饭团、小豆粥 ……………………… (21)
11. 糯米糕、玉米面粥 ……………………… (22)
12. 馒头、棒糁粥 ……… (23)
13. 花卷、棒糁粥 ……… (24)
14. 荷叶饭、红薯粥 …… (25)
15. 叉烧包、素粥 ……… (27)
16. 四喜饺、菜粥 ……… (29)
17. 炒面、菜粥 ………… (30)
18. 年糕、碎肉粥 ……… (31)
19. 奶皇包、肉松粥 …… (33)
20. 葱油饼、牛松粥 …… (35)
21. 小蛋糕、鸡肉粥 …… (36)
22. 烧卖、鱼片粥 ……… (38)
23. 叉烧酥、皮蛋瘦肉粥 ……………………… (39)
24. 油条、豆浆 ………… (41)
25. 枣泥酥条、豆浆 …… (42)
26. 火烧、豆腐脑 ……… (43)
27. 煎包子、汤面 ……… (45)
28. 炸馒头片、汤面 …… (46)
29. 火烧、汤面 ………… (48)
30. 糊塌子、汤面 ……… (49)
31. 枣饼、汤面 ………… (50)
32. 炒粉、汤面 ………… (51)
33. 炸花卷、汤面 ……… (52)
34. 炒饭、云吞面 ……… (54)
35. 炒粉、疙瘩汤 ……… (55)
36. 炒饭、面片汤 ……… (57)
37. 肉末卷、烩饼 ……… (58)
38. 油酥火烧、馄饨 …… (60)
39. 金银卷、馄饨 ……… (62)
40. 糯米糍、麦片粥 …… (63)
41. 炒疙瘩、通心粉 …… (65)
42. 包子、炒肝 ………… (67)
43. 炒饼、丸子汤 ……… (68)
44. 腊味炒饭、油条汤 ……………………… (70)

45. 炒饭、蛋汤 ……… (71)
46. 豆沙酥条、汤粉 … (72)
47. 椰丝盏、汤圆 …… (74)
48. 奶油水果盏、汤圆
   ……………………… (76)
49. 炒饭、粟米羹 …… (77)
50. 三明治、牛奶 …… (78)
51. 汉堡包、牛奶 …… (79)
52. 面包、果汁 ……… (81)
53. 牛角包、红茶 …… (82)
54. 面包、咖啡 ……… (83)
55. 核桃排、芝麻糊 … (84)
56. 苹果卷、芝麻糊 … (85)
57. 牛角酥、花生糊 … (86)
58. 萝卜糕、杏仁豆腐
   ……………………… (88)
59. 桃酥、杏仁茶 …… (89)
60. 烤包子、奶茶 …… (91)

1. 锅贴、大米粥
（包括：红油肚丝、咸菜丝、锅贴、大米粥）

红油肚丝

用料 猪肚400克，辣椒油、香油、酱油、味精、葱丝各适量。

制作 ①将猪肚反复洗净择去浮油，放入开水锅内煮熟捞出，切成丝。 ②将各种调味料放入碗内调成汁，浇在肚丝上拌匀即可。

咸菜丝 外购。

锅贴

用料 富强粉200克,猪肉末100克,水发香菇20克,盐、味精、酱油、葱末、姜末、香油、胡椒粉各适量。

制作 ①面用开水和成面团揉匀,饧一会。 ②水发香菇切碎粒,同其他调味料和肉末搅拌均匀,并加入少量水,调成馅。 ③面团搓成条,切成小面剂,擀成皮,包入馅后收口捏成月牙形,成锅贴生坯。 ④平底锅放少许油,码入锅贴生坯煎一会,洒入适量开水,盖好盖,煎至锅贴底部呈金黄色即可。

大米粥 用适量大米淘净加水熬成粥即可。

2. 炒粉、大米粥

(包括:肘子拌三丁、咸菜、星洲炒米粉、大米粥)

肘子拌三丁

用料 熟肘子肉200克,黄瓜200克,花生米100克,酱油少许,香油、醋、精盐、味精、蒜泥各适量。

制作 ①将肘子肉、黄瓜均切丁,花生米煮熟。 ②将切好的原料丁和花生米用酱油、香油、醋、精盐、味精、蒜泥拌匀,装盘即可。

咸菜 外购。

星洲炒米粉

用料 广东米粉1包,火腿肉100克,虾仁50克,蒜、洋葱、青红椒各少许,盐、味精、咖喱粉、酱油、油各适量。

制作 ①将米粉用温开水泡软,火腿肉、青红椒、洋葱均切成丝,虾仁用开水烫熟,蒜切成末。 ②锅烧热放入油,下入蒜末和咖喱粉炒出香味,加入火腿肉、虾仁和米粉,再加洋葱、青红椒、调料翻炒均匀,即成具有新加坡风味的炒米粉。

大米粥 用适量大米淘净加水熬成粥即可。

3. 春卷、糯米粥

(包括:蛋清肠、拌豆芽、炸春卷、糯米粥)

蛋清肠 外购,切片装盘即成。

拌豆芽

用料 绿豆芽300克,盐、味精、花椒粒、葱末、姜末、干辣椒、油各适量。

制作 绿豆芽掐去两头,用开水烫一下,捞出过凉沥水装盘,放上葱姜末,浇热花椒辣椒油,再加盐、味精拌匀即成。

炸春卷 春卷生坯外购,用油炸呈金黄色即可。

糯米粥

    用料 糯米 100 克,白糖适量

    制作 糯米淘净加水煮成粥,食用时加白糖。

4. 豌豆黄、枣粥
（包括：酱猪肝、拌扁豆、豌豆黄、红枣粥）

酱猪肝

　　用料　猪肝500克，香油、熟酱油、料酒、味精、葱段、姜片、茴香、花椒各适量。

　　制作　①猪肝洗净切成两块，放入冷水锅内，加入葱段、姜片、茴香、花椒置火上烧沸,加入料酒、酱油、味精转微火慢煮,用筷子戳猪肝厚处不冒血时,捞出晾凉。 ②将猪肝切片,食用时淋香油即成。

拌扁豆

用料 扁豆 200 克,蒜茸、姜茸、盐、味精、香油各适量。

制作 扁豆择洗干净切段,用开水烫熟透,捞出晾凉,加姜茸、蒜茸、盐、味精、香油拌匀即成。

豌豆黄 外购。

红枣粥

用料 大米 100 克,红枣 30 克,白糖适量。

制作 ①红枣用温水泡发去核,洗净。 ②大米淘净熬粥,快熟时加入红枣,至粥熬好即成,食用时加白糖。

5. 粽子、莲子粥

(包括:叉烧肉、炝柿子椒、小枣粽子、莲子粥)

叉烧肉

用料 猪通脊肉 500 克,植物油 50 克,酱油、精盐、红曲粉、白糖、料酒、葱姜丝各适量。

制作 ①将通脊肉洗净切成 10 厘米长、3 厘米见方粗的条,放酱油、料酒、精盐、葱姜丝腌 1 小时。 ②将腌好的肉沥干,放入油锅中炸成暗红色捞出。 ③锅内重新放入少许油,将炸好的肉下锅,加入清水及腌肉的汤汁、白糖微火焖至八成熟,加入红曲粉至熟收汁即成。

炝柿子椒

用料 柿子椒 200 克,熟油 25 克,盐、味精、花椒、姜末各适量。

　　制作　柿子椒去蒂、子洗净,切成块,用开水烫过捞出,过凉沥干装盘,放上姜末,浇上热花椒油,略闷一会,加盐、味精拌匀即成。

小枣粽子　外购。

莲子粥

　　用料　白粥150克,莲子30克,白糖适量。

　　制作　莲子用水洗净,放在盘内加清水蒸至酥软,放入白粥内煮10分钟即成,食用时酌加白糖。

6. 豆沙包、八宝粥
（包括：广东香肠、炝黄瓜、豆沙包、八宝粥）

广东香肠

外购，用蒸锅蒸透取出斜刀切成片，装盘。

炝黄瓜

用料 黄瓜500克，香油、盐、味精各适量。

制作 ①将黄瓜洗净，切寸段，再破开成条，用盐拌匀，腌10分钟。 ②将黄瓜条沥去水分，拌入味精、香油，皮面朝上码入盘中即成。

豆沙包

用料 富强粉500克，面肥50克，豆沙馅250克，食碱适量。

制作 ①富强粉放入盆中,加用温水澥开的面肥,加水和成面团发酵。面发后对入碱,揉匀稍饧。 ②将面团搓成长条,切成面剂,擀成圆片,包入豆沙馅,收口成豆包坯,上屉旺火急蒸20分钟即可。

八宝粥

用料 江米、红小豆、花生米、栗子肉、莲子、红枣、桂圆肉、金糕各50克,白糖适量。

制作 ①栗子肉洗净切小块,莲子用碱水浸泡去掉绿心,红枣洗净去核,花生米用热水洗净后去皮,桂圆肉切碎。 ②红小豆洗净加入清水煮至五成熟,放入洗净的江米,煮开后放入栗子肉、花生米、莲子同煮,待米、豆煮烂,加入桂圆肉、金糕、红枣等料,加入白糖,微火煮5分钟即成。

7. 炸汤圆、腊八粥

(包括:鸡蛋肉卷、肉松拌豆腐、炸汤圆、腊八粥)

鸡蛋肉卷

用料 鸡蛋200克,肉末200克,姜葱末、盐、味精、糖、胡椒粉、淀粉、生油各适量。

制作 ①鸡蛋磕入碗中,搅匀,其中150克放入锅中吊成蛋皮,另50克加入少许淀粉,调成稠浆。 ②肉末内放入葱姜末、盐、味精、糖、胡椒粉,加少许干淀粉拌匀,抹在蛋皮上,然后将蛋皮轻轻卷成蛋卷,边上用蛋浆粘住封口。 ③盘内刷上生油,将蛋卷放在盘中,上屉蒸7分钟,取出晾凉切片装盘即成。

肉松拌豆腐

用料 猪肉松、榨菜、盒豆腐、香油、盐各适量。

制作 榨菜洗净切末。盒豆腐放在盘上,再放上榨菜末、肉松及盐、香油拌匀即成。

炸汤圆

用料 汤圆、油各适量。

制作 锅内放油烧至四成热,下入汤圆小火炸至金黄色即成。

腊八粥
外购腊八粥料1袋,淘净加水熬成粥即成,食用时酌加白糖。

8. 萝卜糕、腊八粥

(包括:豉汁蒸排骨、桃仁炝芹菜、萝卜糕、腊八粥)

豉汁蒸排骨

用料 排骨200克,阳江豆豉、糖、味精、胡椒粉、老抽、生粉、料酒、陈皮末、葱花、姜蒜末、辣椒米、香油、生油各适量。

制作 ①排骨用水冲去血污,斩成3厘米见方的小块。②豆豉切碎。锅中放少许生油,下入姜蒜末,炸出香味,加入豆豉同炒,同时加入陈皮末、糖、胡椒粉、老抽、料酒、味精,炒出香味即成。 ③将炒好的豆豉加辣椒米、生粉、香油与排骨拌匀后上屉蒸15分钟,出锅时撒上葱花即成。

桃仁炝芹菜

用料 核桃仁、芹菜、熟豆油、盐、味精、花椒、姜末各适量。

制作 ①芹菜择洗干净,切2厘米长菱形段,用开水烫透捞出,凉水过凉,装盘撒上姜末。 ②核桃仁水泡后去衣、洗净,与芹菜放一起。 ③锅内放熟豆油,烧热后放入花椒炸透捞出花椒粒,将油趁热浇在芹菜上,加盐、味精,拌匀即成。

萝卜糕

用料 糯米粉500克,白萝卜500克,猪肉100克,虾皮25克,水发香菇50克,火腿100克,盐、生油各适量。

制作 ①白萝卜洗净,去皮,擦成丝,放入盆中,加适量盐拌匀,腌一会,挤去水分。猪肉洗净,剁成末放入碗中。虾皮洗净泡软,火腿洗净、切碎,香菇切碎,均放入碗中,加盐、生油拌匀。 ②糯米粉放盆中,倒入萝卜丝,加清水和成松软的面团,一半放入盆中,倒上肉馅,再盖上另一半面团拍平,上火蒸熟,出锅后切片,放油锅中煎黄即成。

腊八粥 见第7套。

9. 炸馄饨、小豆粥

(包括:陈皮牛肉、芥末粉丝拌菠菜、炸馄饨、小豆粥)

陈皮牛肉

用料 牛腱肉500克,植物油750克(实耗约80克),红油、香油、酱油、盐、白糖、味精、陈皮丝、干辣椒、姜片、蒜瓣、葱花、花椒、辣椒面各适量。

制作 ①牛肉洗净切薄片,放入八成热的油锅中炸干水分,捞出放入另一口净锅内加入清水,先用大火烧沸,再用中火将牛肉烧熟软,捞起。 ②锅烧热放入油,投入干辣椒煸炒至咖啡色,加入陈皮、花椒、葱花、姜片、蒜瓣、辣椒面炒匀,放入牛肉,加入酱油、盐、白糖、味精炒匀,用大火收干汤汁,淋入红油、香油即可。

芥末粉丝拌菠菜

用料 菠菜500克,粉丝50克,芥末、醋、味精、盐各适量。

制作 ①菠菜择洗干净切段,用开水烫熟捞出,清水过凉。粉丝用水泡软。 ②芥末放碗内用开水调匀,加盖闷几分

钟。 ③将菠菜、粉丝同芥末及其他调料调匀,装盘即成。

炸馄饨 外购馄饨煮熟后炸成金黄色即成。

小豆粥

用料 红小豆125克,大米500克。

制作 先把红小豆煮烂,再加水与大米同煮,先用大火烧沸,改用小火煮至粘稠即成。

10. 椰茸饭团、小豆粥

（包括：盐水鸭、花生米拌芹菜、椰茸饭团、小豆粥）

盐水鸭

用料 光鸭1只(重约1000克)，精盐100克。

制作 ①将鸭洗去血水、漂净，鸭身内外抹上精盐，用净白布包住，放入冰箱冷藏5小时取出，除去白布，抹干盐水。②把鸭放入蒸笼，肚向下，蒸25分钟左右至熟，晾凉后斩件装盘即可。

花生米拌芹菜

用料 花生米50克，芹菜150克，盐、味精、香油、植物油各适量。

制作 ①花生米用水泡过去衣，放烧热的油锅内炸熟。②芹菜洗净去根叶，切小段，用沸水烫熟过凉。 ③用盐、味精、香油将花生米、芹菜拌匀即成。

椰茸饭团

用料 米饭150克,椰茸、盐、味精各适量。

制作 新蒸好的米饭加盐、味精拌匀,用手攥成饭团,粘上椰茸,再上火蒸热即成(也可蘸糖吃)。

小豆粥 见第9套。

11. 糯米糕、玉米面粥

(包括:叉烧肉、芝麻油菜、糯米糕、玉米面粥)

叉烧肉 见第5套。

芝麻油菜

用料 油菜400克,芝麻少许,香油、盐、味精各适量。

制作 ①将油菜择洗干净放入沸水中烫一下,用凉水过凉,捞出沥干水分,用刀改均匀。 ②用锅将芝麻炒熟,将油菜放入盘中,撒上芝麻,再加入调味料拌匀即成。

糯米糕 外购。

玉米面粥 玉米面熬成粥即成。

12. 馒头、棒楂粥
（包括：蒜泥口条、拌土豆丝、小馒头、棒楂粥）

蒜泥口条

用料 熟猪口条200克,香油、辣椒油、大蒜、熟酱油各适量。

制作 ①将大蒜瓣捣成泥,熟口条肉切成片。 ②将口条片放入盘内,加入蒜泥,拌匀。 ③用一小碗放入香油、辣椒油和酱油调成汁,供蘸食。

拌土豆丝

用料 土豆400克,干辣椒2只,花椒油、醋、香油、盐、味精各适量。

制作 ①土豆去皮切丝,放开水中烫一下,过凉沥水。②锅内放少许香油,烧热后放入干辣椒,待变色,直接浇在土豆丝上,再放入花椒油、醋、盐、味精拌匀即可。

小馒头

用料 富强粉400克,面肥40克,碱4克。

制作 富强粉加水200克、面肥和匀成面团,盖净布静置发酵,发成大酵面,加碱液,揉匀揉透,至面团光润洁白无酸味,下成小剂,揉成圆形,上锅蒸熟即成。

棒糁粥

玉米糁淘净煮成粥(煮法同大米粥)。

13. 花卷、棒糁粥

(包括:小肚、咸菜、麻酱花卷、棒糁绿豆粥)

小肚　外购,切片装盘即可。

咸菜　外购。

麻酱花卷

用料　富强粉500克,面肥50克,芝麻酱100克,花生油、精盐、碱各适量。

制作　①面肥用温水澥开,倒入富强粉中揉成发酵面团,发酵后加碱液揉匀揉透。　②芝麻酱内加入花生油、精盐调匀,将面团擀成长方形的面片,把调好的麻酱均匀地抹在面片上,然后顺长叠成4层,用刀切成20个面段,每段拧成花卷生坯。　③将花卷生坯入屉旺火蒸20分钟即成。

棒糁绿豆粥

用料　玉米糁100克,绿豆50克。

制作　玉米糁淘洗干净,用温水预泡起来。绿豆拣去杂质,淘洗干净。锅内加水,烧开先下入绿豆,煮至将绽,再下入玉米糁煮至粘稠即成。

14. 荷叶饭、红薯粥

(包括:菊花泥肠、尖椒拌瓜丁、荷叶饭、红薯粥)

菊花泥肠

用料　泥肠、油各适量。

制作　①将泥肠切寸段,然后在两头各切十字花刀。　②锅烧热放入油烧至四成热,放入泥肠炸至呈金黄色,两头翻开即可。

尖椒拌瓜丁

用料　红尖椒100克,黄瓜150克,香菜少许,盐、味精、醋、香油各适量。

制作 ①黄瓜、尖椒洗净均切丁,香菜洗净切段。 ②将切好的原料放容器中,加入调料拌匀即可。

荷叶饭

用料 荷叶2张,大米200克。

制作 ①锅内放水烧开,放入淘洗好的大米,煮至快透时捞出用荷叶包好。 ②将荷叶包上屉蒸熟即可。

红薯粥

用料 红薯200克,粳米100克,白糖适量。

制作 ①将红薯洗净,去皮切成小块。 ②锅中放入红薯块,加粳米和水同煮,待粥煮成时加入白糖,再煮1~2分钟即成。

15. 叉烧包、素粥
（包括：拌海蜇、炝莴笋、叉烧包、三宝素粥）

拌海蜇

用料 海蜇皮150克,香油、糖、醋、黄瓜丝各适量。

制作 ①海蜇漂洗去沙子,清水泡10小时,取出切丝,用开水烫一下,捞出过凉。 ②海蜇丝放盘中,加入香油、糖、醋、黄瓜丝拌匀即成。

焓莴笋

用料 莴笋 300 克,熟豆油 25 克,盐、味精、糖、醋、花椒、干辣椒、香油各适量。

制作 ①把莴笋洗净,去叶、去皮切成丁,用盐腌一下,控干水分装盘。 ②锅内放豆油,烧热后放花椒炸透后捞出,将花椒油倒出。 ③锅内添少许水,加入盐、糖、醋、干辣椒熬至发粘倒出,凉后浇在莴笋丁上,加香油、花椒油、味精拌匀即可。

叉烧包

用料 面粉 500 克,糖 250 克,碱水少许,泡打粉少许,叉烧肉 120 克,盐、蚝油、老抽、胡椒粉、香油、生油各适量。

制作 ①先将面粉、糖、泡打粉、碱水拌匀后和成面团,稍饧。 ②将叉烧肉切小片,用糖、盐、胡椒粉、老抽、蚝油、香油、面捞芡(用面粉、生油各少许和成的油芡)和匀成馅。 ③将面团搓条下成 20 个剂子,擀成圆片,分别均匀包入叉烧肉馅,上笼旺火蒸 15 分钟即成。

三宝素粥

用料 大米、玉米粒、水发北菇、草菇各适量。

制作 ①玉米粒加入大米中淘净加水同熬成粥。 ②粥中加入切碎的北菇、草菇同煮 2 分钟即成。

16. 四喜饺、菜粥

（包括：酸姜皮蛋、白菜拌豆腐丝、四喜饺、肉末菜粥）

酸姜皮蛋

用料 皮蛋3个，姜20克，白醋、糖、米醋、酱油、香油各适量。

制作 ①姜洗净切片，用开水烫一下过凉。 ②白醋中加糖化开后泡入姜片，一天后取出切丝。 ③皮蛋去皮，切成月牙瓣，放上姜丝，淋米醋、酱油、香油即成。

白菜拌豆腐丝

用料 大白菜200克，豆腐丝150克，糖、盐、味精、醋各少许。

制作 将白菜洗净，切丝，先用盐稍腌挤去水分，与豆腐丝一同装盘，加入糖、盐、味精、醋拌匀即成。

四喜饺

用料 面粉、肉末、葱姜末、煮熟鸡蛋、火腿、绿菜叶、盐、味精、酱油、香油各适量。

制作 ①面粉用开水和成烫面,下剂,擀成饺子皮。 ②肉末加盐、味精、酱油、香油及葱姜末拌匀成馅。 ③将肉馅包入饺子皮内,捏成四周有四个圆孔的饺子生坯。 ④煮鸡蛋去皮,蛋黄蛋白分别切成碎末;火腿、绿菜叶也分别切成碎末,将此四色碎末分别填入四个圆孔内,上屉用旺火蒸7分钟即成。

肉末菜粥

用料 青菜心1棵,瘦猪肉末25克,大米粥1碗(米重约50克),香油、盐、味精各适量。

制作 将菜心洗净切细末,与肉末同时加入已煮烂的大米粥中,再加盐、味精、香油调味后,用小火煮10分钟即成。

17. 炒面、菜粥

(包括:豆豉鲮鱼、炒酱瓜丝、鸡丝乌冬面、菜粥)

豆豉鲮鱼
罐装,外购,斩件装盘即可。

炒酱瓜丝

用料 酱瓜100克,尖椒丝、葱姜丝、糖、味精、油各适量。

制作 酱瓜切丝,用清水冲洗,适当减去咸味。锅烧热,放底油,加尖椒丝、葱姜丝炒出香味,加入酱瓜丝及糖、味精炒匀即成。

鸡丝乌冬面

用料 乌冬面2包,鸡胸肉100克,葱丝、酱油、味精、糖、盐、油各适量。

制作 ①鸡胸肉洗净切丝。乌冬面用沸水烫开。 ②锅内放少许油,将鸡丝煸炒断生,加葱丝、乌冬面及盐、酱油、味精、糖同炒,炒匀即可。

菜粥

用料 大米、雪里蕻、姜丝、胡椒粉、香油、盐各适量。

制作 ①雪里蕻洗净切粒。 ②大米熬成粥,加入雪里蕻粒、姜丝及盐、胡椒粉稍煮,淋香油即成。

18. 年糕、碎肉粥

(包括:鸡丝洋粉、炝柿子椒、炸年糕、海米碎肉粥)

鸡丝洋粉

用料 洋粉50克,鸡肉100克,酱油、盐、糖、蒜茸、香油各适量。

制作 ①洋粉用温水泡开,洗净。鸡肉洗净切丝,用开水烫至断生与洋粉同放盘中。 ②用盐、酱油、糖、蒜茸、香油将鸡丝、洋粉拌匀即成。

炝柿子椒

用料 柿子椒150克,香油、盐、味精各适量。

制作 ①柿子椒洗净,去蒂、子,切成块,用开水焯一下捞出过凉,控干放盘中。 ②加入盐、味精、香油拌匀即成。

炸年糕

用料 年糕200克,白糖、油各适量。

制作 年糕切成适当大小的条或块,下油锅炸至金黄色,食时蘸白糖即可。

海米碎肉粥

用料 大米100克,猪肉末50克,海米10克,姜丝、葱花、盐、味精、香油各适量。

制作 ①大米淘净,熬成粥。 ②海米泡软,洗净,与猪肉末一起放入粥中,加入姜丝同煮;煮沸后加盐、味精、香油及葱花即成。

19. 奶皇包、肉松粥
（包括：芝麻牛肉干、西式泡菜、奶皇包、肉松粥）

芝麻牛肉干

用料 鲜瘦牛肉500克,熟芝麻、熟花生油、香油、白糖、盐、味精、花椒、大料各适量。

制作 ①牛肉洗净,放锅内用文火煮至熟透,捞出晾凉。②将牛肉切成小细条,放入锅内,加清水,放入花椒、大料（包在纱布内)、盐、花生油大火烧沸后改用文火收汁。 ③锅内汤汁将干时,加白糖、味精继续收汁,拣去香料,出锅晾凉,加入熟芝麻、香油拌匀即成。

西式泡菜

用料 圆白菜、胡萝卜、泡椒、醋精、白糖、盐各适量。

制作 ①圆白菜、胡萝卜洗净切片,用开水略焯,捞出过凉。 ②锅内放水烧开,锅离火加入白糖、醋精、盐,略略搅动待糖化开后,撇去浮沫,倒入盆中,加入泡椒晾凉。 ③将圆白菜、胡萝卜控干水分,放入晾凉的糖醋液中,入冰箱一天后即成。

奶皇包

用料 富强粉200克,干酵母1克,泡打粉2克,奶粉10克,白糖80克,奶油25克,鸡蛋液25克,淀粉30克,吉士粉10克。

制作 ①酵母用温水澥开,富强粉、白糖、泡打粉、奶粉放容器中,加酵母粉和成面团揉匀,饧15分钟。淀粉与吉士粉搅匀,入180℃烤箱烤10分钟至熟。糖、鸡蛋液、奶油与烤熟的淀粉搅匀,成生拌奶黄馅。 ②面团反复搋6～7次,搓条分剂按成圆皮,包入奶黄馅收紧口,码入垫上纸的屉中饧40分钟,旺火蒸8分钟即成。

肉松粥

用料 大米100克,猪肉松50克,姜丝10克,盐、味精各适量。

制作 大米淘净熬成粥,加姜丝、肉松,再开后加盐、味精调味即成。

20. 葱油饼、牛松粥
（包括：干拌牛百叶、八宝菜、葱油饼、雪花牛松粥）

干拌牛百叶

用料 牛百叶350克，葱、味精、盐、香油、红油各适量。

制作 ①牛百叶切成细丝，用开水烫过，沥干水分。 ②葱切成细丝，同牛百叶一起装盘，放入盐、味精、香油、红油拌匀即可。

八宝菜 外购。

葱油饼

用料 面粉500克，猪板油100克，葱50克，花椒面、精盐、生油各适量。

制作 ①面粉加少许盐用温水和好，揉匀，饧30分钟。②大葱切葱花，猪板油切丁，拌在一起加花椒面、精盐拌成葱油馅。 ③面团揉搓成长条,揪成50克1个的剂子,按扁擀成长方形薄片,均匀抹上馅,顺长卷成条,再盘起擀成饼坯。 ④饼铛上刷油,放入饼坯烙至两面呈金黄色即成。

雪菜牛松粥

用料 大米100克,牛肉松50克,腌雪里蕻50克,盐、葱花、味精、香油各适量。

制作 雪里蕻洗净切成末,放入煮好的大米粥中,再煮1～2分钟,加盐、味精调味,盛入碗中,撒上牛肉松、葱花,淋少许香油即成。

21. 小蛋糕、鸡肉粥

（包括：盐水腌蛋、糖醋三丝、小蛋糕、鸡肉粥）

盐水腌蛋

用料 鸡蛋10只,盐、花椒粒、茴香、白酒各适量。

制作 ①鸡蛋洗净晾干后装入坛内。 ②净锅内放入清水、盐、花椒粒、茴香烧开,盛在盆内晾凉加白酒倒入装鸡蛋的坛内,以刚没过鸡蛋为宜,把坛口封好。 ③腌一个月即可取出煮熟食用。

糖醋三丝

用料 水萝卜、胡萝卜、黄瓜各100克,白糖、醋、香油、盐、味精各适量。

制作 ①将水萝卜、胡萝卜、黄瓜均洗净切丝,再用清水投一遍,沥水装盘。 ②加入糖、醋等调料拌匀即成。

小蛋糕

用料 富强粉350克,奶油100克,鸡蛋400克,香兰素0.1克,白糖、油各适量。

制作 ①鸡蛋磕入盆中,打均匀。将奶油、白糖、香兰素放入碗中,搅打均匀,待糖溶化,奶油发起,慢慢分几次倒入蛋液内搅打均匀,倒入盛面粉的盆内和成面糊。 ②面糊倒入抹油的饭盆中,入烤箱烘烤,至呈金黄色,筷子插入无粘连物即成。

鸡肉粥

用料 鸡胸脯肉、大米各100克,姜丝、盐、味精、香油各适量。

制作 ①鸡肉洗净切丝。大米淘净熬粥。 ②粥熬好后,加入鸡丝、姜丝,再开后,加入盐、味精、香油调好味即成。

22. 烧卖、鱼片粥
(包括:酱凤爪、芹菜拌腐竹、三鲜烧卖、鱼片粥)

酱凤爪

用料 凤爪500克,盐、酱油、糖、料酒、香油各适量,料袋1个(内装葱段、姜块、蒜瓣、花椒、大料、桂皮、丁香各适量)。

制作 ①凤爪剁去爪尖在滚水中烫一下捞起,用凉水冲10分钟。锅内放入清水,加入各种调料及料袋烧开。 ②撇去锅中浮沫,放入凤爪,再开后用小火煮30分钟,捞出凤爪斩件装盘即成。

芹菜拌腐竹

用料 芹菜200克,腐竹50克,香油、盐、味精各适量。

制作 ①将芹菜去根叶洗净,切寸段,用开水烫熟。 ②腐竹用水泡软,切成段。 ③将芹菜、腐竹放入盘中,放入调料拌匀即成。

三鲜烧卖

用料 面粉、虾仁、海参、鱿鱼、葱姜末、盐、味精、香油、胡椒粉、干淀粉(作补面)各适量。

制作 ①面粉用开水烫好,摊开晾凉,揉成团。 ②虾仁、海参、鱿鱼均收拾干净剁成粒,加入葱姜末、盐、味精、胡椒粉、香油和成馅。 ③面团搓成长条,揪成10余克1个的面剂,按扁,撒上干淀粉,用小走槌擀成麦穗花边形或荷叶花边形的片,抹上馅,用手轻拢成筒形,上屉旺火蒸15分钟即熟。

鱼片粥

用料 大米150克,草鱼肉100克,盐、味精、香油、姜丝、香菜末各适量。

制作 ①大米淘净,熬成粥。 ②海米泡软,洗净,与猪肉末一起放入粥中,加入姜丝同煮;煮沸后加盐、味精、香油及葱花即成。

23. 叉烧酥、皮蛋瘦肉粥

(包括:五香酱鸡、海米炝芹菜、叉烧酥、皮蛋瘦肉粥)

五香酱鸡

用料 西装鸡1只,盐、酱油、白糖、料酒、香油各适量,料袋1个(内装葱段、姜块、花椒、大料、桂皮、丁香各适量)。

制作 ①锅内放入清水烧开,下入料袋及调料。 ②西装鸡洗净,用开水烫一下,然后放入烧开的酱汤中,大火烧开转小火煮到熟透为止。 ③将鸡捞出,淋少许香油,稍凉后切配装盘即可。

海米炝芹菜

用料 芹菜200克,海米50克,盐、味精、醋、葱丝、姜丝、香油各适量。

制作 ①芹菜洗净,粗的破开,切寸段,用开水焯透捞出,用凉水投凉沥干水分装盘。 ②海米洗净,温水泡软,捞起控去水分放芹菜上,加盐、味精、醋、葱姜丝和香油拌匀即成。

叉烧酥

用料 面粉500克,糖150克,熟面粉50克,叉烧肉150克,猪油200克,鸡蛋1个,芝麻、盐各适量。

制作 ①叉烧肉切指甲片,加熟面粉、糖、盐和50克猪油拌匀成馅。 ②用125克猪油将250克面粉擦成干油酥,剩下的面粉用25克猪油、125克水和成水油面团。 ③把干油酥、水油面团各揪成20个剂子,将水油面剂按扁包住干油酥剂,擀成方形片,将叉烧馅卷在当中,四周捏严。卷坯上粘芝麻并刷上蛋液,放入烤箱烤至鼓起即成。

皮蛋瘦肉粥

用料 大米100克,松花蛋1个,瘦肉末100克,葱末、姜丝、盐、味精、香油各适量,植物油少许。

制作 ①大米淘净,加少许植物油泡30～60分钟,然后入开水锅中煮成粥。 ②松花蛋切粒状,瘦肉末用开水焯熟,连同葱末、姜丝,加进煮好的粥中,烧开后放入盐、味精及少许香油,调好味即成。

24. 油条、豆浆
（包括：白切鸡、老虎菜、油条、豆浆）

白切鸡

用料 未产蛋的嫩母鸡1只,姜、葱、盐、味精、生油各适量。

制作 ①鸡宰杀除去毛、内脏,洗净,放入滚开的水中浸烫15分钟（断生为佳）,捞出过凉。 ②葱姜切末放碗中,加入盐、味精,用热油浇一下搅匀。 ③鸡斩件,将葱姜油浇上即成。

老虎菜

用料 尖椒、香菜、黄瓜、盐、糖、味精各适量。

制作 尖椒洗净切丝,香菜洗净切段,黄瓜洗净切细粒,一起放在盘内,加盐、糖、味精拌匀即成。

油条

用料 富强粉500克,盐10克,碱面5克,白矾10克,生油适量。

制作 ①白矾碾碎与盐、碱面一起放碗中,加100克开水使溶化,加入面粉中,再加清水揉匀,饧20分钟。待其上劲后刷上生油,盖湿布,再饧2小时。 ②将面团分成面剂,每两个面剂叠在一起押长,放入八成热油锅中炸至油条膨胀,呈金黄色即成。

豆浆 外购豆浆粉,用开水调匀煮熟即成。

25. 枣泥酥条、豆浆

(包括:广东香肠、芥末菠菜、枣泥酥条、豆浆)

广东香肠 见第6套。

芥末菠菜

用料 菠菜500克,芥末、盐、香油、白醋各适量。

制作 ①菠菜择洗干净,用开水烫过,捞起挤去水分切成小段装盘。 ②芥末用开水沏后稍闷,加入盐、香油及少许白醋调匀,倒在菠菜上拌匀即成。

枣泥酥条

用料 面粉500克,糖200克,鸡蛋3个,生油、苏打各适量,枣泥馅750克。

制作 ①面粉加糖、鸡蛋液、生油、苏打及水和成面团。

②烤盘内垫一层油纸,将面团擀成两张薄片,枣泥馅也擀成一张薄片,分三层铺在烤盘中,枣泥夹在中间,刷上少许蛋液,入烤箱烤熟,食用时切条。

豆浆 外购速溶豆浆粉,加水上火煮开加白糖即成。

26. 火烧、豆腐脑

(包括:酱肘子、咸菜丝、芝麻火烧、豆腐脑)

酱肘子

用料 肘子肉5000克,盐、酱油各适量,料袋1个(内装葱段、姜块、花椒、大料、桂皮、大茴香子、丁香各适量)。

制作 ①将去骨肘肉洗净,再用绳子捆好。 ②锅内放清水5000克旺火烧开,放入肘肉煮开后撇去浮沫,肉煮至八成熟捞出,将汤盛出。用铁箅子垫在锅底,将肉摆在锅内的四周中间留空,从中倒入原汤(汤不够可适当加水,以使汤淹过肘肉),加盐、酱油及料袋,用慢火煮至熟透捞出即成。

咸菜丝 外购。

芝麻火烧

用料 面粉450克,面肥45克,芝麻50克,麻酱、生油、花椒盐、碱面各适量。

制作 ①将面肥用200克水澥开,倒入面粉中和成酵面团。面发后,使好碱,揉出光泽,稍饧,擀成薄片,抹上油和麻酱,撒上椒盐后卷起,随卷随抻,尽量使其薄些,卷好分成10个面剂,将其团成圆形,在面板上按扁,将一面刷上水,粘上芝麻。 ②将烤箱温度控制在160℃～170℃,烤盘内涂一层生油码上饼坯,放入烤箱烤10～15分钟,烧饼胀起、颜色变黄即熟。

豆腐脑

用料 盒豆腐1盒,黄花10克,木耳10克,鸡蛋1个,猪肉50克,盐、味精、糖、酱油、淀粉、油各适量。

制作 ①盒豆腐用开水稍烫放入碗中。 ②黄花、木耳用水泡开,择洗干净。猪肉洗净切丝。 ③锅内放油,煸熟肉丝,下入黄花、木耳及盐、酱油、糖、味精同炒,熟后用水淀粉勾芡,甩入打匀的鸡蛋液,浇在豆腐上即成。

27. 煎包子、汤面
(包括:肉皮冻、炝黄瓜、煎包子、肉丝汤面)

肉皮冻

用料 猪肉皮2500克,盐、酱油、葱段、姜块、蒜瓣、花椒、大料、味精、醋、香油、香菜、辣椒油各适量。

制作 ①将肉皮用开水烫泡,刮净残毛和污物,下锅稍煮捞出,晾凉后片去肉皮里面肥膘,切成条。 ②锅内加清水,下入肉皮和盐、花椒、大料及部分酱油、葱段、姜块、蒜瓣煮熬,边煮边撇去浮沫和浮油,熬至肉皮呈金红色汁浓时,拣出葱、姜、蒜、花椒和大料,放入味精和匀,倒入盆内,待其凝固。 ③食用时切条或片装盘,加辣椒油、香菜末、姜蒜末、酱油、醋、香油拌匀即成。

炝黄瓜　见第6套。

煎包子

用料　外购成品包子,油适量。

制作　煎锅内注入油烧热,放入包子,稍加少许水,煎至呈金黄色即成。

肉丝汤面

用料　细挂面200克,猪肉100克,冬笋30克,油菜100克,花生油、酱油、盐、味精、料酒、鸡汤各适量。

制作　①将猪肉洗净切丝,冬笋、油菜均洗净切丝。 ②将锅置火上,放入油烧热,下肉丝煸炒断生,放入冬笋丝、油菜丝、酱油、料酒翻炒出锅。 ③锅内放水烧开,下挂面煮熟,捞入碗中,放入鸡汤、盐、味精调好味,放上炒熟的肉、菜即成。

28. 炸馒头片、汤面

（包括:芥末鸭掌、辣萝卜条、炸馒头片、排骨汤面）

芥末鸭掌

用料　水发鸭掌10个,芥末、味精、料酒、醋、盐、香油各适量。

制作　①鸭掌用开水烫一下,捞出过凉。 ②芥末用开水调湿,随调随用筷子搅动,调好后用湿纸封严,晾凉。 ③用芥末、盐、味精、料酒、醋、香油对成汁,浇在鸭掌上即成。

辣萝卜条

用料　白萝卜300克,辣椒油30克,香油4克,糖、盐、味

精、姜末各适量。

制作 萝卜洗净去皮切成条,加盐拌匀腌5分钟,挤干水分放盘中,加入姜末及糖、味精、辣椒油、香油拌匀即成。

炸馒头片

用料 馒头300克,生油200克,鸡蛋3只。

制作 ①馒头切片。鸡蛋磕入碗中打散。 ②锅中放入生油,待油热后,将蘸过鸡蛋液的馒头片逐片放入锅中浸炸,至呈金黄色即成。

排骨汤面

用料 挂面250克,排骨100克,盐、味精、酱油、香油、胡椒粉、葱段、姜块、料酒各适量。

制作 ①排骨洗净斩成寸段,用开水焯一下。 ②锅内放清水,加入盐、味精、料酒及葱姜与排骨同煮。 ③排骨煮烂后捞去姜葱,下入面条煮熟,加上胡椒粉、酱油、香油、葱花即成。

29. 火烧、汤面
（包括：凤眼蛋、香椿拌豆腐、芝麻火烧、番茄汤面）

凤眼蛋

用料　鸡蛋、生粉、油各适量。

制作　①鸡蛋煮熟去皮。②鸡蛋粘上薄薄一层生粉，放热油锅中炸至呈金黄色出锅，一切两半即成。

香椿拌豆腐

用料　豆腐1盒，香椿50克，香油、盐、味精各适量。

制作　盒豆腐扣入盘中，香椿芽洗净切碎，用开水一沏捞出沥干，撒在豆腐上，加入盐、味精、香油拌匀即成。

芝麻火烧　见第26套。

番茄汤面

用料　细挂面150克，香菜末、番茄酱、糖、盐、味精、香油、胡椒粉各适量。

制作 ①将面条放入开水锅中煮熟捞出。 ②汤内加番茄酱及糖、盐、味精、香油、胡椒粉调好味,煮开后盛入面碗中,撒上香菜末即成。

30. 糊塌子、汤面
（包括：凉拌猪耳朵、葱丝拌榨菜、糊塌子、家常汤面）

凉拌猪耳朵

用料 熟猪耳1只,黄瓜100克,蛋皮20克,香油、酱油各适量。

制作 将熟猪耳切丝,放盘中,黄瓜洗净与蛋皮一同切成丝,放在猪耳上,淋香油、酱油即成。

葱丝拌榨菜

用料 榨菜150克,葱丝20克,香油、辣椒油、盐各适量。

制作 榨菜洗净切丝,用开水烫一下,过凉后装盘,放入葱丝加入调料拌匀即成。

糊塌子

用料 面粉、鸡蛋、西葫芦、盐、醋各适量,油少许。

制作 ①鸡蛋打散与面粉一起和成粘稠的面糊。 ②西葫芦洗净去皮擦成丝,攥去水分,放入面糊中,加盐调味,拌匀。 ③平底锅内放少许油,热后放一勺面糊入锅内摊平,待一面煎熟后再煎另一面。 ④食用时可蘸醋。

家常汤面

用料 面条100克,鸡蛋1只,油菜2棵,香油、盐、味精、胡椒粉、鸡汤各适量。

制作 ①将面条煮熟捞入碗内。 ②油菜洗净焯熟,放在面条上。 ③锅中放入鸡汤,开后卧入鸡蛋,鸡蛋熟后加盐、味精、胡椒粉,倒入面条碗中,淋香油即成。

31. 枣饼、汤面
(包括:凤尾鱼、粉丝拌白菜、枣饼、鲜虾汤面)

凤尾鱼
罐装,外购。

粉丝拌白菜
用料 大白菜心200克,粉丝1卷,植物油20克,白糖、米醋、精盐各适量,红辣椒2个。

制作 ①白菜心洗净切丝放入盆中加精盐拌匀,粉丝用温水泡好,红辣椒切丝,均放在盆中。 ②油烧热浇在菜上,再加糖、米醋拌匀即成。

枣饼
用料 富强粉500克,面肥50克,碱、红枣各适量。

制作 ①红枣用温水泡软,洗净。 ②富强粉加用水澥开的面肥和温水和好,静置发酵后加入碱液,揉匀揉透,稍饧。③面团揉成长条,揪成剂,按成较厚的圆片,在一半的边缘排上几个枣,将面片对折使枣露着头做成饼坯。 ④饼坯上屉旺火蒸7分钟即成。

鲜虾汤面
用料 全蛋面150克,虾仁100克,菜胆4~5棵,姜片10克,盐、糖、味精、胡椒粉、淀粉、料酒、油、上汤各适量。

制作 ①全蛋面放入沸水中泡透,捞出放入碗中。 ②虾仁、菜胆均用开水烫熟。 ③锅内放少许油,加入姜片、料酒、虾仁及盐、糖、味精、胡椒粉,用水淀粉勾芡,盛在面条上,周围放上菜胆。 ④热两勺上汤,调好味,倒入面中即可。

32. 炒粉、汤面

(包括:凤眼蛋、小葱拌豆腐、星洲炒米粉、汤面)

凤眼蛋
见第29套。

小葱拌豆腐
用料 豆腐1盒,小葱、盐、味精、香油、酱油各适量。

制作 小葱择洗干净切成葱花放装盘的豆腐上,加盐、味

精、酱油、香油将豆腐拌匀即成。

星洲炒米粉 见第2套。

汤面

　　用料 细挂面150克,香菜末、葱花、盐、味精、酱油、香油、胡椒粉、油各适量。

　　制作 锅内放少许油烧热,放入葱花稍煸出香味,加水烧开,下入面条及盐,待面煮熟后放味精、酱油,撒上香菜末、胡椒粉,淋香油即成。

33. 炸花卷、汤面

(包括:盐水鸭、朝鲜泡菜、炸花卷、鸡蛋汤面)

盐水鸭 见第10套。

朝鲜泡菜

用料 大白菜1棵,胡萝卜1根,红辣椒2只,大葱、盐、辣椒面各适量。

制作 ①大白菜去老帮、菜根,洗净,切成长方块。葱择洗干净切斜片。红辣椒去蒂、子切丝。 ②将胡萝卜洗净、切片,与大白菜、葱、椒丝一起放入盆内,加盐和辣椒面,用手轻搓至白菜出水,装入泡菜缸内,用手压实盖上盖放在较暖的地方,两天后发出酸味即可。

炸花卷

用料 花卷3个,花生油、炼乳、白糖各适量。

制作 ①将蒸熟的花卷放入油锅中炸至呈金黄色取出。②食时蘸炼乳及白糖。

鸡蛋汤面

用料 挂面100克,鸡蛋1个,葱花、盐、味精、胡椒粉、香油各适量,香菜叶少许。

制作 ①锅内加清水,开后下入面条,卧入鸡蛋,加盐、味精调味。 ②面条熟后撒入葱花、胡椒粉,淋香油,盛碗后放香菜叶即成。

34. 炒饭、云吞面
(包括:棒棒鸡丝、拍黄瓜、鸡蛋炒饭、云吞面)

棒棒鸡丝

用料 西装鸡1只,姜、葱、醋、盐、糖、麻酱、味精、辣椒油各适量。

制作 ①西装鸡收拾干净。锅内放清水烧开,放入葱、姜,将鸡放入开水中浸熟,捞出过凉,拆下鸡肉切成丝,装盘。 ②将调料对成汁,浇在鸡丝上,吃时拌匀。

拍黄瓜

用料 黄瓜、糖、盐、味精、酱油、香油、醋、蒜茸、姜米各适量。

制作 黄瓜洗净,去头尾,用刀拍碎,再斜刀切成段码在盘内,将调料对成汁,浇在黄瓜上拌匀即可。

鸡蛋炒饭

用料 鸡蛋、米饭、葱花、味精、盐、油各适量。

制作 ①鸡蛋打散。锅内放油,烧热后下鸡蛋液炒熟。②加入米饭,炒热后,撒入葱花及盐、味精炒匀即成。

云吞面

用料 挂面、馄饨、盐、香油各适量。

制作 锅内加水烧开,下入挂面,快熟时下馄饨,至馄饨浮起,下调料调味即成。

35. 炒粉、疙瘩汤

(包括:五香熏鱼、拌掐菜、干炒牛河粉、疙瘩汤)

五香熏鱼

用料 草鱼1条,盐、味精、胡椒粉、丁香、桂皮、姜、料酒、白糖、红茶叶、香油各适量。

制作 ①将鱼宰杀洗净,在膛内贴着肋骨边刺上眼,再贴着尾巴骨向尾部刺上几个眼,但都不要刺穿鱼皮。 ②把丁香、桂皮、姜(拍碎)用温水泡好,再加盐、味精、糖、料酒、胡椒

粉调匀,将鱼放入腌5个小时。 ③把腌好的鱼摆在平瓷盘上,上屉蒸10分钟取出。在熏锅内撒入白糖和茶叶,放上熏架,把鱼摆在架上,盖严上火,烧至冒黄烟时离火,闷熏10分钟,取出,抹上香油即成。

拌掐菜

用料 绿豆芽200克,盐、味精、花椒油、辣椒油、醋各适量。

制作 豆芽菜掐去头尾,用开水焯一下,马上捞出沥水装盘,放入各种调料拌匀即成。

干炒牛河粉

用料 鲜河粉300克,牛肉片100克,葱丝、姜丝、掐菜、韭黄、老抽、盐、味精、油各适量。

制作 ①将牛肉片过油断生盛出。 ②锅内留少许油,放入葱丝、姜丝、掐菜（掐去两头洗净的绿豆芽）煸炒片刻，倒入河粉翻炒至快熟时，加入盐、老抽、味精、牛肉翻匀，临出锅时加入韭黄稍翻即成。

疙瘩汤

用料 富强粉、油菜、葱花、盐、味精、酱油各适量。

制作 ①富强粉加热水和成软面，在成团之前加些干面粉轻摇使成小面疙瘩。油菜洗净。 ②锅内放入清水，开后倒入面疙瘩煮熟，加入盐、味精、酱油及油菜，开锅后加入葱花即成。

36. 炒饭、面片汤

（包括：盐水虾、咸菜、咸鱼鸡粒炒饭、面片汤）

盐水虾

用料 大虾250克，姜片20克，盐、味精各适量。

制作 ①大虾用开水焯熟，去皮及头尾，挑去虾腺，用凉水冲净。 ②用热水加盐、味精及姜片,待盐、味精化开后加入冰块,放入大虾仁,泡2个小时即成。

咸菜 外购。

咸鱼鸡粒炒饭

用料 咸鱼50克,鸡胸肉50克,米饭150克,鸡蛋1个,葱花、盐、味精、油各适量。

制作 ①咸鱼切粒,鸡肉洗净切粒,一起用开水烫熟。②鸡蛋打散,放油锅内炒熟。倒入米饭,加入盐、味精翻炒,热后加入咸鱼粒、鸡粒、葱花翻匀即成。

面片汤

用料 富强粉150克,番茄酱、油菜、盐、糖、味精、胡椒粉、香油各适量。

制作 ①富强粉加水和成硬面团,擀成面片,切成约二指宽的条。油菜掰成单片洗净。 ②锅内加水烧开,将宽面条用手揪成小片下入锅中,用勺搅拌,再加入番茄酱、盐、糖、味精、胡椒粉、香油和油菜煮熟即可。

37. 肉末卷、烩饼

(包括:茄汁鱼、尖椒土豆丝、肉末卷、烩饼)

茄汁鱼 罐装,外购。

尖椒土豆丝

用料 土豆150克,红尖椒2只,盐、糖、醋、红油各适量,味精少许。

制作 ①土豆洗净去皮切丝,用开水烫熟,捞出沥水晾凉。红尖椒洗净切丝。 ②将土豆丝、尖椒丝装盘,加入盐、糖、醋、红油、味精拌匀即可。

肉末卷

用料 富强粉500克,面肥50克,猪肉末50克,香油、酱油、盐、味精、葱姜末、碱各适量。

制作 ①富强粉加水、面肥和成面团发酵后,加碱,揉匀,稍饧。 ②肉末加葱姜末、酱油、盐、味精、香油和少量清水拌匀。 ③面团擀成长方形薄片,将肉馅均匀摊在上面,卷成卷,整个放入屉中,旺火蒸15分钟至熟。 ④取出切块即可。

烩饼

用料 烙饼、番茄、香菜、盐、酱油、味精、香油、胡椒粉、上汤各适量。

制作 烙饼切丝。番茄洗净切成片。香菜洗净切末。锅内放入上汤烧开,投入烙饼丝、番茄片,加入酱油、盐、味精,至烙饼变软,加入香油、胡椒粉,出锅后撒上香菜末即成。

38. 油酥火烧、馄饨
（包括：酱牛肉、花仁拌芹菜、油酥火烧、馄饨）

酱牛肉

用料 牛腿肉 750 克，酱油 100 克，盐、大料、桂皮、葱、姜、白糖、料酒各适量。

制作 ①牛肉洗净，切成三块，放入沸水中煮一下，捞出，倒掉锅中汤，再将牛肉放入锅中。②将葱段、姜片、料酒、酱油、盐、糖、清水加入锅中。大料、桂皮放在纱布袋内，扎住口，放入锅中，用旺火煮开，撇去浮沫，改用微火煮至牛肉熟透，捞出晾凉切成薄片即可。

花仁拌芹菜

用料 花生米 150 克，芹菜 30 克，植物油 250 克，花椒油

5克,盐、味精各适量。

制作 ①将花生米用凉水泡10分钟捞出控干,放入热油锅中炸酥捞出。 ②芹菜择去根叶洗净,切成2厘米长的段,放在开水锅中烫一下,过凉沥干。 ③将芹菜与花生米放入盘中,放入盐、味精、花椒油拌匀即成。

油酥火烧

用料 富强粉500克,面肥50克,生油、椒盐、碱面各适量。

制作 ①富强粉350克放入盆中,加面肥、水和成面团静置发酵。面发后加入碱液揉匀揉透。 ②余下面粉放盆中,加入75克生油搅拌均匀,擦成油酥。面团擀成长方形面片,把油酥摊在上面,将面片对折,边缝捏严,再擀薄卷起,分成小面剂,按成圆皮,揪一小块面团,蘸上生油,粘上椒盐,放在圆皮内收口,严实后擀成火烧生坯。 ③将烤箱烧热,生坯码入抹过油的烤盘放进烤箱中,烤至上色后翻过来再烤,待火烧鼓起呈金黄色即熟。

馄饨

用料 富强粉200克,猪肉末200克,香菜50克,虾皮、紫菜、香油、酱油、盐、味精、葱姜末、淀粉各适量。

制作 ①富强粉放入盆中,加适量冷水和面,揉成较硬的面团,饧好。 ②猪肉末放入碗中,加入葱姜末、酱油、盐、味精、香油搅拌均匀成馅。 ③将面团擀成薄片,撒上干淀粉折叠成宽8厘米的条,切成梯形片皮。每张包上馅用手捏严,如皮粘不住,可将皮上抹些水再捏。 ④锅中放入清水,烧开后下入馄饨,待全部浮出,再略煮片刻。 ⑤馄饨舀入碗中,加入盐、香菜末、紫菜、虾皮、香油,再加入馄饨汤即成。

39. 金银卷、馄饨
（包括：酱鸡翅、凉拌苦瓜、金银卷、豆腐鲜虾馄饨）

酱鸡翅

用料 鸡翅、盐、酱油各适量，料袋1个（内装葱段、姜块、花椒、大料、桂皮、茴香、丁香、草果、香叶等各适量）。

制作 ①鸡翅用开水稍烫，洗净。 ②锅内放清水，加盐、酱油及料袋，煮开后撇去浮沫，放入鸡翅，再开后用小火煮至鸡翅熟透，取出斩件即可。

凉拌苦瓜

用料 苦瓜250克，尖椒丝、盐、糖、醋、味精、辣椒仔各适量。

制作 苦瓜洗净去瓤子切片，用开水稍烫，捞出过凉，加入尖椒丝及盐、糖、醋、味精、辣椒仔拌匀即成。

金银卷

用料 富强粉400克,玉米面200克,面肥40克,碱4克。

制作 ①面肥用温水澥开,与温水、面粉共同和成面团,发酵几小时,掺入碱液揉匀稍饧。 ②将玉米面用适量温水预泡。将饧好的面擀成大薄片,均匀地铺上浸泡过的玉米面,由里至外卷成卷,捏紧卷头处,放入笼屉中蒸20分钟取出切块装盘即可。

豆腐鲜虾馄饨

用料 馄饨(用虾仁作馅)150克,豆腐半块(重约250克),盐、味精、香油、胡椒粉各适量。

制作 ①豆腐洗净切小块。 ②锅内放水烧开,下豆腐、馄饨同煮,至馄饨熟时加盐、味精、香油、胡椒粉调味即成。

40. 糯米糍、麦片粥

(包括:煎火腿、鸡蛋挞、糯米糍、牛奶麦片粥)

煎火腿

用料 火腿150克,生油适量。

制作 火腿切成薄片,锅内放入生油,将火腿放入煎至金红色即成。

鸡蛋挞

用料 富强粉250克,鸡蛋150克,白糖150克,猪油55克。

制作 ①富强粉150克放入容器中,加50克猪油搅匀成油酥。 ②100克富强粉放容器中加55克水、5克猪油和成水油面团,揉匀饧15分钟。 ③将水油面团擀成片,将油酥包入,收紧口擀成长方形,折叠成四层,再擀成长方形,转90°角,再叠四层,擀开,反复三次。然后擀成0.5厘米厚的皮,用直径6厘米的花边套模压出12个圆片。 ④鸡蛋液打匀。白糖加225克清水煮开,晾至70℃左右,倒入鸡蛋液中搅匀,用纱布滤成鸡蛋挞液,倒入小壶内。 ⑤将面皮垫入直径5厘米的菊花盏中,贴紧菊花盏,放在烤盘中,烤箱预热至180℃时将蛋液倒入菊花盏面皮内,将烤盘放入烤箱烘烤15分钟,蛋液刚熟即可出箱,稍晾将鸡蛋挞从菊花盏中取出即成。

糯米糍

用料 莲茸馅250克,椰茸100克,猪油30克,砂糖150克,糯米粉250克。

制作 先将糯米粉用猪油、砂糖搓匀蒸熟,分成剂子(大小随意)捏成扁圆形,包入莲茸馅,搓成圆球,蒸熟后每个粘匀椰茸即成。

牛奶麦片粥

用料 牛奶、麦片、糖各适量。

制作 牛奶放锅内加麦片同煮至熟,食用时加糖。

41. 炒疙瘩、通心粉
（包括：三色蛋、芝麻菠菜、炒疙瘩、酸辣通心粉）

三色蛋

用料 鸡蛋、松花蛋、生油各适量。

制作 ①鸡蛋磕破，蛋清、蛋黄分开装盆，用手慢慢抓散，撇去浮沫。松花蛋去皮，切成6瓣月牙形。 ②取一方形不锈钢深盘,刷上些生油,将蛋清倒入,上屉蒸 10 分钟取出,在蛋清上码上松花蛋,再浇上蛋黄,上屉蒸 10 分钟。 ③取出钢盘,倒出蛋糕,切成片即可。

芝麻菠菜

用料 菠菜 500 克,熟芝麻 15 克,香油 10 克,盐、味精各适量。

制作 ①菠菜择洗干净。 ②锅内倒入清水烧开,下菠菜略烫,捞出过凉沥水。 ③菠菜切成 4 厘米长的段放盘内,加调料拌匀,撒上芝麻即成。

炒疙瘩

用料 面粉 200 克,黄瓜 50 克,青豆 30 克,葱花、盐、味精、酱油、油各适量。

制作 ①面粉加水和成硬面团,擀成面片,折叠起来切成稍粗的条,再顶刀切成面疙瘩,用开水煮熟,再用凉水冲凉。②黄瓜洗净切丁。青豆洗净用开水焯熟。 ③锅内放少许油,下入黄瓜丁、青豆、葱花煸炒片刻,下入疙瘩及盐、味精、酱油稍翻炒即可出锅。

酸辣通心粉

用料 通心粉 150 克,青椒 50 克,黄瓜 50 克,番茄酱、醋、辣酱、盐、糖、胡椒粉、香油、味精、汤、油各适量。

制作 ①通心粉用热水泡软。黄瓜、青椒洗净均切丁。②锅内放少许油,下入青椒、黄瓜丁翻炒,加入一勺汤,放入泡软的通心粉及番茄酱、盐、糖、醋、辣酱、胡椒粉、香油、味精,煮沸即可。

42. 包子、炒肝
（包括：咸菜煎蛋、水煮花生米、三鲜包子、炒肝）

咸菜煎蛋

用料 鸡蛋3只，咸菜120克，姜2片，生油、白糖、醋各适量，盐、味精各少许。

制作 ①先将咸菜洗净挤干，切碎。鸡蛋打散，把一片姜剁成茸，与少许盐一起放入鸡蛋中搅匀。 ②油锅内放一片姜，略煎后捞出，放咸菜末入锅翻炒，再加糖、醋、味精炒熟，并将其均匀地摊在锅中，改小火，鸡蛋液从锅内周围倒入锅中，煎好一面再煎另一面，煎至微黄即成。

水煮花生米

用料 花生米200克，盐、花椒、大料、桂皮各适量。

制作 ①花生米冲洗干净，放入盆中，加清水泡12小时捞出。 ②将花生米，花椒、大料、桂皮放入锅中加清水煮30

分钟,捞出花生米,放入清水中再煮15分钟。 ③将花生米捞出,放入盆中,将第一次煮花生米的水(拣去花椒、大料、桂皮)倒入盆中,加盐泡12小时即成。

三鲜包子

用料 富强粉500克,面肥50克,鸡肉50克,海参50克,虾仁50克,猪肉150克,冬笋100克,葱姜末、酱油、盐、味精、香油、碱各适量。

制作 ①富强粉放入盆中,面肥用温水澥开,加入面粉中,和成面团发酵。 ②猪肉洗净剁成末放盆中,加入酱油搅匀成馅,鸡肉、海参、虾仁、冬笋均剁碎放入馅中,再加葱姜末、盐、味精、香油拌匀。 ③发面使碱,揉匀,搓成条,切成面剂,擀成皮包入馅收口,上屉旺火蒸15分钟即熟。

炒肝

用料 猪肝、猪肥肠、盐、糖、味精、酱油、水淀粉、料酒、醋、油、葱、蒜、花椒、汤各适量。

制作 ①猪肝洗净切片,用开水烫一下。 ②将猪肥肠用水洗净,入锅加水,放入葱、花椒煮1小时,捞出改刀。 ③锅内放少许油,下入猪肝及料酒、盐、糖、味精、酱油同炒,加入汤及肥肠,熟后用水淀粉勾芡,最后淋1滴醋,放入蒜茸即成。

43. 炒饼、丸子汤

(包括:煎咸鱼、麻辣萝卜丝、肉丝炒饼、素丸子汤)

煎咸鱼

用料 咸鱼100克,姜丝适量,油少许。

制作 锅内放少许生油待油热后放入咸鱼,用小火煎至两面金黄色,出锅斩件装盘,撒上姜丝,淋少许热油即成。

麻辣萝卜丝

用料 白萝卜200克,红尖椒1只,辣椒油、香油、盐、味

精、花椒油各适量。

制作 ①白萝卜洗净去皮,切成6厘米长的丝,用盐拌匀,腌5分钟挤去水分装盘。 ②红尖椒洗净去子切丝放在萝卜丝上。 ③将调料对成汁,浇在萝卜丝上拌匀即成。

肉丝炒饼

用料 烙饼、猪肉、扁豆、蒜末、酱油、盐、味精、油各适量。

制作 ①烙饼切丝。猪肉洗净切丝。扁豆择洗干净切丝。②锅内放油烧热加入猪肉、扁豆煸炒断生,倒入烙饼丝同炒,并加入盐、味精、酱油及适量水,临出锅时加入蒜末即成。

素丸子汤

用料 黄瓜、胡萝卜、豆腐、冬笋、盐、味精、胡椒粉、香油、酱油、干淀粉、油各适量。

制作 ①胡萝卜洗净去皮,用礤子擦成细丝。冬笋切碎与胡萝卜、豆腐一起抓碎,加适量干淀粉及盐打成馅。 ②锅内放油烧热,将馅挤成丸子入油锅炸熟。 ③锅内放清水烧开后放入黄瓜片、丸子,再加入盐、味精、酱油、香油、胡椒粉调好味即成。

44. 腊味炒饭、油条汤
（包括:番茄泥肠、朝鲜泡菜、腊味炒饭、油条汤）

番茄泥肠
　　用料　泥肠、番茄酱、白糖、盐、味精、油各适量。
　　制作　①泥肠切成5厘米长的段,每段两头断面上各切一十字,下油锅中炸至两头开花,捞出。 ②锅内留少许油,加入番茄酱及白糖、盐、味精,放入泥肠,翻匀即成。
朝鲜泡菜　见第33套。

腊味炒饭

用料 米饭、腊肠、腊肉、鸡蛋、葱花、盐、味精、油各适量。

制作 ①腊肠、腊肉上屉蒸透后切丁,再用水焯一下,捞出沥干水分。 ②锅内放油,将鸡蛋打散,放入锅内炒熟,下入米饭,加盐、味精炒热,再加腊味料、葱花翻匀即成。

油条汤

用料 油条、鸡蛋、黄瓜、西红柿、葱花、香菜、盐、味精、酱油、香油各适量。

制作 ①油条切成段,鸡蛋打散,黄瓜及西红柿洗净切片。 ②锅内加清水烧开,放入油条、西红柿、黄瓜,再开后淋入鸡蛋液,加盐、味精、酱油、香油调味,出锅时加葱花、香菜即成。

45. 炒饭、蛋汤

(包括:白云凤爪、朝鲜泡菜、扬州炒饭、番茄蛋汤)

白云凤爪

用料 凤爪500克,白醋、糖、盐、味精各适量,青红尖椒2只。

制作 ①将凤爪剁去爪尖放入开水中煮熟捞出,用清水冲洗1个小时。 ②将调料对在一起,上火烧开晾凉后放在较深的容器中,将凤爪放入浸泡6小时即可食用。

朝鲜泡菜 见第33套。

扬州炒饭

用料 米饭150克,鸡蛋1个,虾仁50克,火腿50克,葱花、盐、味精、油各适量。

制作 ①火腿切丁,与虾仁同用开水烫熟。 ②锅内放油,将鸡蛋打散入锅炒熟,再放入米饭炒热,加盐、味精、葱花及虾仁、火腿翻匀即成。

番茄蛋汤

用料 鸡蛋1个,西红柿1个,盐、味精、香菜、葱花、香油、胡椒粉各适量。

制作 ①鸡蛋打散。西红柿洗净切块。 ②锅中放清水烧开,下西红柿,再开后加盐、味精,慢慢淋入鸡蛋液,用勺轻轻推匀。 ③食用时,加入香油、胡椒粉、葱花、香菜即可。

46. 豆沙酥条、汤粉

(包括:盐水猪肝、油吃口蘑、豆沙酥条、汤米粉)

盐水猪肝

用料 猪肝500克,葱段、姜片、盐、香油各适量。

制作 ①猪肝切成两块,去掉筋膜洗净,用开水稍烫。 ②锅内放水,加入盐、葱段、姜片,烧开后下猪肝煮至断生,用筷子扎透无血腥即可,不可煮老。 ③猪肝出锅后切片码盘,

淋香油即可。

油吃口蘑

　　用料　罐头口蘑1听,蒜茸、盐、味精、糖、蚝油、香油、胡椒粉、油各适量。

　　制作　①口蘑洗净,在每个口蘑上剖小片花刀,用热水稍烫。②锅内放少许油烧热,加入蒜茸煸出香味,下入口蘑,加盐、味精、糖、蚝油、胡椒粉,待口蘑入味淋香油出锅即成。

豆沙酥条

用料 面粉500克,糖200克,鸡蛋3个,生油100克,苏打5克,豆沙馅750克。

制作 ①面粉加糖、鸡蛋液(留少许另用)、生油、苏打及100克水和成面团。 ②烤盘内垫一层油纸,将面团的一半擀成薄片铺在烤盘中,豆沙馅也擀成薄片铺在第一层面片上,再将另一半面团擀成薄片,铺在豆沙馅上,在上面刷一层余下的鸡蛋液,进烤箱烤熟,食用时切条。

汤米粉

用料 米粉100克,鸡肉50克,菜心2棵,韭黄100克,盐、糖、味精、酱油、胡椒粉、香油、油、水淀粉各适量。

制作 ①米粉用热水泡开。菜心、韭黄择洗干净,韭黄切段。 ②泡好的米粉放碗中。锅中放少许水烧开,加入盐、味精、胡椒粉,开后倒入米粉碗中。菜心焯熟放在米粉上。 ③鸡肉洗净切丝,用开水烫至断生捞出沥水,锅内放少许油烧热,放入鸡丝及盐、糖、酱油、味精,再加入韭黄翻匀后用水淀粉勾芡,淋上香油,盛放在米粉上即成。

47. 椰丝盏、汤圆

（包括：鸡蛋肉卷、赛香瓜、椰丝盏、汤圆）

鸡蛋肉卷　见第7套。

赛香瓜

用料 金糕、梨、黄瓜各适量。

制作 梨与黄瓜洗净和金糕一同切成片,相间隔地码好后切成丝装盘即成。

椰丝盏

用料 面粉500克,猪板油200克,糖200克,生油200

克,泡打粉10克,椰丝、鸡蛋各适量。

制作 ①面粉放案板上,中间开个窝,将泡打粉撒在面上,中间放入板油、生油、糖、鸡蛋液,慢慢搓入面粉,搓匀和成面团。 ②将面团擀成薄片,放入菊花盏模具内,按实成盏形。 ③椰丝加糖、板油和成馅放入盏中,入预热至180℃的烤箱烤8分钟左右即熟,将椰丝盏从模具中取出即成。

汤圆 外购。开水锅中下入汤圆,浮起即熟。

48. 奶油水果盏、汤圆
（包括：盐水虾、炝柿子椒、奶油水果盏、汤圆）

盐水虾 见第 36 套。

炝柿子椒 见第 18 套。

奶油水果盏

　　用料　面粉、板油、生油、鸡蛋、泡打粉、糖、奶油、时鲜水果各适量。

　　制作　①用面粉、板油、生油、鸡蛋液、泡打粉、糖和成面团做成盏，烤熟（详见第 47 套椰丝盏制法）。　②盏烤好后，除去模子，挤入奶油，摆上切好的水果即成。

汤圆　见第 47 套。

49. 炒饭、粟米羹

（包括：樱桃肉、腌瓜条、咸鱼鸡粒炒饭、鸡蛋粟米羹）

樱桃肉

用料 猪肉 150 克，葱花、姜片、蒜茸、番茄酱、糖、盐、味精、酱油、油各适量。

制作 ①猪肉洗净切丁，用盐、酱油码味。 ②猪肉放热油锅内炸至断生，倒出。 ③锅内重新放油，放入葱花、姜片、蒜茸煸出香味，加入番茄酱、盐、酱油、糖、味精炒匀，再放入猪肉丁翻匀即成。

腌瓜条

用料 黄瓜 150 克，香油、盐、味精各适量。

制作 ①黄瓜洗净去头尾，切成 6 厘米长的段，一剖两半，每半改三条，片去瓜瓤，用盐腌 10 分钟。 ②黄瓜控去水分，加入香油、味精拌匀即成。

咸鱼鸡粒炒饭 见第36套。

鸡蛋粟米羹

用料 鸡蛋1个,粟米罐头1听,盐、糖、味精、香油、淀粉各适量。

制作 ①鸡蛋打散。粟米罐头打开。 ②锅内放水烧开,加入粟米及盐、糖、味精调好口味,煮开后用水淀粉勾芡,再开后淋入鸡蛋液,用勺推匀,出锅后淋香油即成。

50. 三明治、牛奶

（包括:煎腌肉片、鸡肉沙拉、三明治、牛奶）

煎腌肉片

用料 腌肉片适量,生油少许。

制作 将煎锅烧热,放入少许生油,将腌肉片放入煎至金红色即成。

鸡肉沙拉

用料 鸡肉、土豆、鸡蛋、盐、沙拉酱各适量。

制作 ①土豆洗净,蒸熟去皮切丁。鸡蛋煮熟去皮切丁。鸡肉洗净,用开水煮熟后切丁。 ②将三丁放盘中,放入少许盐,用沙拉酱将其拌匀即成。

三明治

用料 火腿、鸡蛋、酸黄瓜、早餐面包各适量,盐、油各少许。

制作 ①火腿切片用油略煎。 ②鸡蛋打入油锅中,同时撒入少许盐,煎至两面金黄。酸黄瓜切片。 ③将鸡蛋、火腿及酸黄瓜夹入面包片中即成。

牛奶
外购,煮开即食。

51. 汉堡包、牛奶
（包括:火腿沙拉、炸薯条、汉堡包、牛奶）

火腿沙拉

用料 火腿、洋葱、生菜、沙拉酱各适量。

制作 ①火腿切条,洋葱、生菜洗净切丝。 ②将火腿条、洋葱丝、生菜丝放盘内,加沙拉酱拌匀即成。

炸薯条

用料 土豆150克,油适量。

制作 土豆洗净去皮,切成条。锅内放油烧热,放入土豆条炸成金黄色即成。

汉堡包

用料 牛肉馅300克,鸡蛋2只,面包心30克,小圆面包3个,葱头、牛奶、料酒、盐、胡椒粉、酱油、肉汤、生油各适量。

制作 ①葱头去老皮洗净,剁碎,放油锅中炒香,加肉汤炒匀。 ②面包心放碗中加牛奶泡软,放入牛肉馅,加酱油、料酒、鸡蛋、胡椒粉、盐,再加入炒好的葱头拌匀,制成3只与面包大小相近的圆饼。 ③平底锅加油烧热,下入肉饼,用中火煎至两面发黄,再用微火并加盖焖一会即熟。 ④面包烤热,横着剖开,夹入牛肉饼即成。

牛奶 袋装牛奶外购,煮开即可。

52. 面包、果汁
（包括：黄油果酱、菜丝沙拉、面包、果汁）

黄油果酱 外购。

菜丝沙拉

　　用料　胡萝卜、生菜、沙拉酱各适量。

　　制作　①胡萝卜洗净去皮切丝，生菜洗净切丝。 ②两种原料装容器中，加沙拉酱拌匀，即成。

面包 外购。

果汁 外购，用开水冲开即可。

53. 牛角包、红茶
（包括：煎泥肠、土豆沙拉、牛角包、红茶）

煎泥肠

用料 泥肠100克，生油适量。

制作 泥肠两面均切斜花刀，两面刀纹成篮花干刀纹状。锅内放油烧热，泥肠放入煎至金红色即成。

土豆沙拉

用料 土豆150克，鸡蛋1个，盐少许，沙拉酱适量。

制作 土豆洗净上屉蒸熟晾凉后去皮切丁，鸡蛋煮熟去皮切丁，两丁装盘，撒少许盐，用沙拉酱拌匀即可。

牛角包 外购。

红茶 外购。饮用时可加入适量淡奶和白糖。

54. 面包、咖啡
（包括：火腿、煎蛋、方面包、速溶咖啡）

火腿 外购，切片。

煎蛋

　　用料　鸡蛋2只，生油、精盐各适量。

　　制作　将锅烧热，倒入生油滑锅，即倒出。锅内留少许底油，将鸡蛋磕入碗内，加少许精盐，倒入锅内煎至两面呈金黄色即成。

方面包 外购，切片，夹入火腿片。

速溶咖啡 外购，加水煮开，加糖及咖啡伴侣即成。

55. 核桃排、芝麻糊
（包括：三色蛋、拌扁豆、核桃排、黑芝麻糊）

三色蛋 见第41套。

拌扁豆 见第4套。

核桃排

用料 面粉500克，猪油200克，鸡蛋3个，生油100克，苏打5克，核桃仁200克，鸡蛋清200克，白糖250克。

制作 ①核桃仁用温水浸泡、去衣，烤干后擀碎，加白糖和蛋清拌成馅。 ②面粉加白糖、鸡蛋液、猪油、苏打和少许水和成饼干面团,擀成0.3厘米厚的大片,用花刀切成约8厘米宽的条摆在烤盘内,再用饼干面搓成像铅笔粗细的小条放在盘内宽条的两边,用手将小条捏成弯曲的花边,中间形成槽,槽内铺上馅抹平。 ③最后用少量饼干面擀成薄皮,用花刀切成小条贴在馅上成网状,上面刷一层鸡蛋液,入炉(或烤箱)烤成金黄色,出炉后切成小块即可。

黑芝麻糊 外购,用水煮开即成。

56. 苹果卷、芝麻糊
（包括：三色蛋、拌口蘑、苹果卷、芝麻糊）

三色蛋 见第41套。

拌口蘑

用料 口蘑250克,糖、盐、味精、香油、胡椒粉、生油各适量。

制作 ①口蘑洗净,切片,用沸水焯熟沥干。 ②锅中放少许油烧热,下入口蘑,再下入盐、味精、糖、香油、胡椒粉同炒,加少许水烧至口蘑进味,出锅晾凉即成。

苹果卷 外购。

芝麻糊 外购,以沸水冲开和匀即食。

57. 牛角酥、花生糊

(包括:葱花炒蛋、桃仁炝芹菜、牛角酥、花生糊)

葱花炒蛋

用料 鸡蛋3只,葱花、盐、生油各适量。

制作 鸡蛋打散,放入葱花、盐搅匀。锅上火烧热,用凉油滑一下锅,留适量底油,倒入鸡蛋用铲子翻炒至熟即可。

桃仁炝芹菜 见第8套。

牛角酥

用料 面粉500克,白脱油500克,鸡蛋1个,打起鲜奶油1000克,盐、糖粉各适量。

制作 ①将白脱油轻轻擀压成约3厘米厚的矩形大块,入冰箱冷藏。 ②留少许面粉作补面,将其余面粉过筛,加盐用蛋液和匀揉透,盖上干净湿布饧30分钟。 ③将饧好的面团按成比白脱油块大一倍的面块,然后将白脱油块放在面块的半边上,另半边面块覆盖在白脱油上面(四面捏牢,防止白脱油外露),擀压成长方形,折叠成4层(两端相向对折2次),稍压放入冰箱,约半小时后取出,再擀成长方形,折叠成4层,稍压放入冰箱。如此反复4次,即成清酥面。 ④取一部分清酥面(其余可仍用湿布盖好入冰箱,随用随取),擀成长40厘米、厚0.2厘米的薄片,切成约20条(每条宽约1.5厘米),分别卷在牛角模子上使成螺旋形,摆入洒过水的烤盘中,饧几分钟后在牛角酥生坯上刷蛋液,入炉烤熟取出,冷却后退出模子,挤进奶油,撒上糖粉即成。

花生糊

用料 花生酱、糖各适量。

制作 花生酱用水澥开,上锅煮开,加糖即可。

58. 萝卜糕、杏仁豆腐
（包括：茄汁通心粉、奶油水果盏、萝卜糕、杏仁豆腐）

茄汁通心粉

用料 通心粉150克，青红椒各1只，番茄酱、糖、盐、味精、油各适量。

制作 ①通心粉用水泡软。青红椒洗净去子切块。　②

锅内放少许油,下青红椒煸透,加通心粉及番茄酱、糖、盐、味精翻匀即可。

奶油水果盏　见第48套。
萝卜糕　见第8套。
杏仁豆腐

用料　三花淡奶、杏仁精、糖、琼脂、时鲜水果各适量。

制作　①市售三花淡奶加水放锅中,加糖及洗净的琼脂同煮,煮开后加1滴杏仁精晾凉,待凝固后切菱形块。　②糖放热水中溶化晾凉加冰块、杏仁豆腐及切好的水果块即成。

59. 桃酥、杏仁茶
（包括:香肠、糖醋藕片、桃酥、杏仁茶）

香肠

用料　广东香肠(外购)。

制作　将香肠上屉蒸15分钟后取出,斜刀切片即成。

糖醋藕片

用料　嫩藕500克,白糖、白醋、盐、花生油、姜丝各适量。

制作　①将莲藕去节、洗净、削皮,顶刀切片,码入盘中,撒上姜丝、盐。　②锅内放油烧至八成热,浇在姜丝上。　③锅内放水,加入白醋、白糖,用勺搅动,待糖溶化将汁倒入盘内,浸泡5小时即成。

桃酥

用料　富强粉500克,核桃仁50克,白糖20克,猪油15克。

制作 ①富强粉放盆中上屉蒸熟,趁热碾开。 ②将白糖搀入面中,用热水加猪油和成面团,揉匀分成面剂,粘上切碎的核桃仁,按入模具中,再从模具中倒出桃酥生坯,放入烤箱中,烤至四周出现裂纹即熟。

杏仁茶

用料 细大米粉200克,白糖75克,桂花酱少许,杏仁精1滴。

制作 大米粉用少量温水澥开,用开水冲调后倒入锅中用小火煮开,加入杏仁精,搅匀即可。食用时加入白糖、桂花酱。

60. 烤包子、奶茶
(包括:孜然牛肉、芝麻菠菜、烤包子、奶茶)

孜然牛肉
用料 牛肉、孜然、洋葱、辣椒面、盐、鸡蛋、淀粉、酱油、油各适量。

制作 ①牛肉、洋葱均切片,牛肉片用鸡蛋液、淀粉、盐浆好。 ②锅内放油,烧至六成热,将牛肉片滑油盛出。锅留底油,放入洋葱煸炒几下,再放入牛肉片、孜然、盐、酱油、辣椒面翻炒均匀,装盘即可。

芝麻菠菜 见第41套。

烤包子

用料 面粉、羊肉、洋葱、胡椒粉、盐、鸡蛋液各适量。

制作 ①面粉加水和成硬面团稍饧。②羊肉、洋葱分别切成小粒,加胡椒粉、盐拌成馅。将饧好的面团搓成长条,揪成小面剂,擀成直径10厘米左右的圆片,放上馅对折后放在手掌上用中指和无名指攥一下,呈元宝状,粘洋葱,刷上蛋液,放在250℃左右的烤箱内烧烤15分钟即成。

奶茶

用料 牛奶250克,砖茶、盐各适量。

制作 将砖茶泡软加水上火煮开后,加入牛奶,再烧开后撒入少许盐即成。